YOKO／著

我家宝贝爱吃饭

YOKO 亲子美食育儿手记

U0225704

中国妇女出版社

图书在版编目（CIP）数据

我家宝贝爱吃饭：YOKO 亲子美食育儿手记 / YOKO 著 . —北京：
中国妇女出版社，2016.2
ISBN 978 - 7 - 5127 - 1249 - 2

Ⅰ . ①我… Ⅱ . ① Y… Ⅲ . ①婴幼儿—食谱
Ⅳ . ① TS972.162

中国版本图书馆 CIP 数据核字（2015）第 292133 号

我家宝贝爱吃饭——YOKO 亲子美食育儿手记

作　　者：YOKO　著
责任编辑：魏　可
责任印制：王卫东
出版发行：中国妇女出版社
地　　址：北京东城区史家胡同甲 24 号　　　邮政编码：100010
电　　话：（010）65133160（发行部）　　　65133161（邮购）
网　　址：www.womenbooks.com.cn
经　　销：各地新华书店
印　　刷：北京楠萍印刷有限公司
开　　本：170×240　1/16
印　　张：10
字　　数：100 千字
版　　次：2016 年 2 月第 1 版
印　　次：2016 年 2 月第 1 次
书　　号：ISBN 978 - 7 - 5127 - 1249 - 2
定　　价：35.00 元

序

有人说，料理的精髓就在于"心"。

烹饪一道好的料理，从味道的角度来说，食材的挑选，调味料的分量与比例的拿捏组合，火候的掌握，任何一点点细微的差别，就足以影响一道菜的味道。而味道，是非常感官、非常细腻、非常个人化的。再科学的分析，再严谨的研究，也不可能"分析调配"出一道最好吃的料理。要做出世界上最好吃的料理，唯一的方式，就是不断研究、调整、观察。料理的食用者和制作者心灵上的深入理解和交流，才能掌握那最细微的变化。这一点，就在于"心"。

从营养的角度来说，要做出一道营养丰富的料理，或许是科学分析得出来的。但是日复一日吃着营养餐，再怎么健康也是一种折磨。如何能在每天的家常菜之中，不但时常变换花样，并且注意到营养的均衡，同样地，在于"心"。

如果"心"是一道好料理最重要的元素，那么"爱"就是一道料理的最高境界。而母爱当然是其中最伟大的，所以我们都觉得妈妈做的菜是世界上最美好、最独一无二的味道。母亲做给自己孩子吃的料理，是全世界最顶尖的大厨、最科学的研究也不可能复制出来的，因为那是爱的味道。

你手上就是一本充满爱的料理书，稍微翻几页，你就能立刻感受到满满的母爱，通过料理，通过烹饪的过程，加上和孩子之间的互动交流，最后通过文字，传达给读者。在流畅优美的文字中，我们亲身经历了仿佛一幕幕亲子交流的温暖画面，最后化为料理，以美味养分的形式被身体吸收。

由衷祝愿每一位母亲，每一个孩子，都能像这本书中一样，共同将爱化为盘中一道道精美料理。尽情享受生命中独一无二的，爱的味道。

国际魔术大师

刘 谦

妈妈的料理，爱的味道

妈妈的料理，爱的味道

目　录

第一章
亲子厨房，让宝贝
爱上吃饭

01

我和宝贝的亲子厨房

　　贝儿在 1 岁多的时候，就喜欢跟我玩"下厨"游戏了。这种游戏几乎是不需要任何启蒙的，就像很多家庭包饺子时，随手给孩子揪一个面团，让他捏着玩一样。贝儿最早的"下厨"，就是类似于捏个面团，用模具压块饼干，或者帮我往菜里加点儿盐这么简单。

　　在很长一段时间，我们家是没有"亲子厨房"这个概念的。当我们也像其他家庭一样，迷恋亲子阅读、亲子游戏的时候，贝儿只是更加喜欢厨房里的这些"亲子手工"而已。

　　我想，没有几个孩子可以抵挡玩手工的诱惑吧。从我们小时候玩泥巴、折纸飞机，到这一代孩子玩彩泥、搭积木。这种自己动手的创作过程让孩子乐此不疲。

　　现在有很多非常有趣的玩具，比如可以用彩泥做出非常逼真的冰激凌、蛋糕、汉堡包……甚至有些小玩具可以让孩子做出可以吃的小寿司。还有儿童职业体验乐园，孩子可以穿上厨师服，包汤圆，烘焙小饼干。

　　这些玩具以及职业体验乐园都是我们家经常玩的，既满足了孩子动手的乐趣，又寓教于乐，培养了孩子的创作力。孩子和家长一起动手的过程，也是培养亲子感情的过程。

　　既然玩假的冰激凌、汉堡包都能让孩子这么开心，我们为什么不玩点儿真的呢？ 既然孩子喜欢，那么我就在做饭的时候，带着孩子一起玩。耳濡目染之下，她也渐渐地习惯了在厨房玩耍。

　　我这些年也算上过不少美食节目。在贝儿 3 岁的时候，一档电视美食节目到我们家来录制，编导惊喜地发现，贝儿竟然对在厨房帮我打下手这么的乐此不疲。于是，一期美食节目最后变成一档亲子厨房节目。节目播出前，编导给我打电话说："你知道吗，审片的时候，我们领导对这期节目赞不绝口，让我们以后都要继续这种温情路线。"

从那一刻起，"亲子厨房"这个词，深深地触动了我。联想到孩子平时对吃饭没有兴趣，一个念头在我脑海里落地生根：既然孩子喜欢下厨，那么是不是可以正式开启亲子厨房的模式，和孩子一起下厨，尊重她的胃口，创造出更适合孩子的菜式，在游戏中培养她对吃的兴趣？

机缘巧合，亲子厨房的念头得到了一位心理专家的支持。我的朋友李昂是一名年轻有为的心理咨询师。一次偶然的机会，我跟他谈论起关于"童年经历对成长的影响"的话题。我小时候也是不喜欢吃饭。20世纪80年代，几乎大部分的家长都信奉"黄金棍下出好人"的教育原则。我这类不爱吃饭的孩子，很多都有边吃饭边被打的经历。记忆中，这种打骂教育最终的效果是让我边流泪边吃饭。饭下肚了，但内心真的很受伤。

李昂正好在心理咨询过程中，遇到过一些因为孩子不爱吃饭而求助的妈妈。在各种案例中，他看到了中国妈妈的不同表现，或焦虑，或粗鲁，或无助……但这些都不能改变孩子不爱吃饭的现状。

对于我的亲子厨房的想法，李昂很赞同。同时，他也引导我学习"爱的五种语言"——心理专家一般很少告诉别人应该怎么做，他们更愿意引导你，如何找到更适合自己的方法。这对我们家的亲子厨房模式产生了非常重要的影响。我开始尝试，把亲子厨房变成李昂说的"爱的五种语言"那个"精心的时刻"！

李昂分享："做足够好的母亲"，就够了

李昂，心理治疗师，Pab Group 创始人

微博：@Leon 的老友记

微信公众号：follow leon

在心理治疗的世界里，儿童心理治疗和成人心理治疗是分开的。治疗师面对成人做心理治疗时，常常对着他一个人即可。但儿童心理治疗的本质是家庭治疗，治疗师不仅要和孩子交流，也要和家长交流。因为孩子很少自发地出现问题，他们出现各种所谓的"症状"，往往因为孩子是家里最诚实的角色，在他们没来得及学会像大人一样粉饰问题的时候，症状就"诚实"地出现了，比如让母亲很焦虑的"不吃饭"。

　　我本人的治疗经验是跨文化的，我的客户有中国人，也有德国人、美国人、英国

人。有趣的是，孩子不吃饭是全球共有的问题的，哪里都有，但母亲的反应却因人而异。给孩子分类是非常不人性的一个方法，因为我们会把成人的标准套到无辜的孩子身上。作为一个成人心理治疗师，我更能提供帮助的地方是打开母亲的视野，使她们从精神上放松下来，不再天天焦虑怎么把饭菜塞进一个叫孩子的"容器"里。

提到母婴，不得不说一位心理学大师——温妮科特。他认为这个世界上并不存在婴儿，因为只要看到婴儿就一定会看到母亲，所以这世界只存在母婴。温妮科特一生花了大量时间观察婴儿并和母婴一起进行工作，他将母亲分为三类：完美的母亲（100 分）、足够好的母亲（60 分）、糟糕的母亲（0 分）。我猜测，正在看这本书的您会希望自己尽量做到 100 分。有些母亲可能直接就会认为自己已经做得很完美了，就差孩子不吃饭了。

作为一个心理治疗师，我很遗憾地把下面的实际情况告诉大家：完美母亲是造就更多人格障碍和精神分裂的母亲。原因是什么？举个具体的例子，孩子看到一根柱子，想尝试爬一下，100 分母亲会因为害怕孩子摔到，而在孩子开始爬第一下之前把孩子拦住抱在怀里；0 分母亲不会注意到孩子的举动，即使孩子爬上去、掉下来、磕破了也不做任何反应；60 分母亲会让孩子去尝试，然后在孩子摔下来的时候抱住他。100 分母亲的孩子长大后会倾向变得懦弱，因为他被剥夺了犯错误的机会，所以也就失去了成长的机会，以婴儿的身份变老。100 分母亲也被称为除草机母亲（她们把孩子前面的所有障碍都去除，创设零挫折环境）。0 分母亲的孩子很难信任他人，如果连亲妈都不能保护自己，谁还能呢？他们面对的是一个过度挫折的环境。60 分母亲会让孩子经历"恰到好处的挫折"，但又不让孩子失去对自己的信任。所以温妮科特鼓励妈妈们做 60 分妈妈，而不是做糟糕的 0 分妈妈，或更糟糕的 100 分妈妈。

担心孩子不吃饭的大部分是完美的母亲，而 100 分母亲的行为很多是费力不讨好的，但为什么她们还是这么执著呢？从我的临床经验来看，有三个层面的原因，分别指向过去、现在和未来。

过去，100 分的母亲常常也有 100 分的母亲，她们的家庭往往注重服从、成就和节俭。请你回想小时候是否听过这样的话：

"不爱吃也得吃，有营养，你必须听我的，我都是为你好！"（服从）

"不好好吃饭怎么有力气学习，考不上大学你以后扫大街啊？"（成就）

"这么辛苦做的，不许浪费，粒粒皆辛苦，得都吃干净了。"（节俭）

这些 100 分母亲给食物贴了伟大的价值观标签，吃下母亲做的食物就等于拥护了家族文化，不吃东西就等于不爱妈妈，这"罪过"太大了。

现在，100 分母亲接受了自己的 100 分母亲的长年培训后正式上岗，把服从、成就和节俭按照家族链的方向传递下去。自己小时候不愿意吃饭，现在。孩子不吃饭会让 100 分母亲觉得自己正在被孩子质疑，从而体验到那种难以名状的因不完美而产生的羞耻感和焦虑感。只有逼孩子吃下去才能有效降低自己的焦虑，然后通过理智化的方式不断告诉自己这么做是对的，是为孩子好。最后孩子在青春期的时候终于公开表达对母亲的恨，完美母亲黯然神伤。

每个人的生活都分为四个领域：身体领域、成就领域、关系领域和意义领域。担心孩子不吃饭的母亲往往对孩子的身体领域非常关注，她们相信女儿的美貌和儿子的高个子会给他们带来幸福，所以不吃饭不仅仅意味着身体领域的损失，可能还会影响孩子未来的工作和婚姻。我的一个女性客户说过："个子矮以后怎么找对象啊？找工作也麻烦啊。"

总结来说，这是一个很简单的家族链的故事，一些从小接受服从、成就和节俭三种价值观洗脑并被剥夺犯错误的机会，只许好好吃饭的懦弱孩子，长大后成为强硬拥护服从、成就和节俭的完美母亲，然后剥夺孩子因犯错而成长的机会，要求孩子好好吃饭，最后造就出了新一代儿时懦弱且成年追求完美的焦虑母亲。但世界永远是充满希望的，心理治疗可以干预家族链，下面给大家介绍一些具体的创造更好生活的练习方法。

首先在手机记事本里记下下面的3句话，每天阅读1次以上。

1. 从今天开始，我要放松自己，不再追求做完美母亲。我要做足够好的60分母亲，控制自己的焦虑，让孩子去爬柱子，如果孩子成功，就拥抱并祝贺他，摔下来的话就拥抱并陪他难过。绝不批评孩子笨或者威胁他下次不要去尝试，要告诉他勇敢尝试很好，只是需要更多的练习！孩子不吃饭不代表他在质疑我，不代表我

是个不好的母亲。

2. 性爱是两个人变成一个人，母爱是一个人变成两个人。如果我真的爱孩子，就不要剥夺他犯错误的机会，这样孩子才能成为一个独立的人，而不是我的复制品。我要勇敢承受被孩子远离的难过，我小时候讨厌做家庭的附属品，我不要我的孩子也变成那样。年轻人不是因为自己的错误遭罪，而是因为老人没完没了的"智慧"而遭罪！

3. 爱有五种语言，包括提供服务（除草机母亲常做的是洗衣做饭、辅导功课、接送上下学、安排任务，这种语言是完美的母亲更注重和擅长的）；温柔的接触（拥抱和微笑着注视，很多孩子都是肌肤饥渴，因为母亲"不好意思"去拥抱或温柔地注视自己的孩子）；肯定的言语（放弃那些没用的、令孩子心碎的批评吧，不要因为自己小时候总挨说，就继续无休止地唠叨和批评孩子，试着鼓励和表扬孩子，别怕他们暂时的骄傲自大）；精心的时刻（你和孩子除了聊食物和功课外，还有别的话题吗？缺乏谈话内容也许是因为缺少共同的记忆，每个周末和孩子创造一些新的记忆，然后放进记忆银行吧，不要等老了再感伤时间都去哪儿了，时间就在这个周末）；礼物（除了物质的礼物还有

精神层面的，比如可以试着把孩子的照片做成PPT，在某个特别的日子送给孩子，或者录一首歌给他，在他生日的时候放给他）。

其次是一个冥想练习。想象有一张贴纸，并在纸上写下"我不是我妈妈"。贴在自己的胸前。首先想象小时候母亲逼自己吃饭的场景。接下来想象自己的孩子不吃饭时，自己瞬间启动服从模式的样子，深呼吸，然后轻轻把自己胸前的纸条撕下来，让自己平静下来，告诉自己，自己能做的是把饭菜做得更有创意，把吃饭的场景变成母子的美好记忆而不是糟糕记忆。最后把选择权交给孩子，让他慢慢独立，靠食物和内疚是无法长久控制孩子的，最棒的母亲就是那些能承受孩子因成长而"抛弃自己"的母亲。你有能力做这样的母亲吗？你是愿意做这样一个有趣的智慧妈妈，还是一个不断重复过去而且不受孩子欢迎的讨厌妈妈？

很多中国妈妈相信健康是吃出来的，很多美国妈妈相信健康是跑出来的。两种说法都对，也都不完整，合在一起比较好，但更重要的是，孩子是被建议去做而不是被要求去做的。孩子都喜欢有趣的事物，所以接下来将会介绍如何使吃饭的场景更好玩，如何把食物的视觉效果做得更有趣。母亲和孩子在食物层面的关系很像手机里的应用商店和应用程序的关系：母亲做母亲能做的——提供各种应用程序但不强迫下载，孩子做孩子能做的——选择某个应用程序并勇于尝试新的。

注：爱的五种语言不是心理学的科学术语，而是来自盖瑞·查普曼的书《爱的五种语言》。

在厨房里，做一个60分的妈妈

心理专家的分析，简直让我欣喜万分。

作为一个职场妈妈，我一直为自己对孩子付出得不够多而愧疚。眼看身边很多全职妈妈，每天以孩子为中心，给孩子提供满分的服务，全心全意地教育孩子，我常常会感到满心焦虑。但现在，我忽然发现，做妈妈只要 60 分就够了耶！

我认识一些全职妈妈，她们教育出来的孩子让我很羡慕：

羊羊，一个健康可爱的 4 岁小男孩。每次孩子们聚会的时候，他都有超级棒的表现：吃饭的时候规规矩矩，胃口好，不挑食。当小朋友们饭后分享零食的时候，他也会很小心地问妈妈："我可以吃吗？" 得到妈妈的同意后，他才会吃。如果妈妈说不可以吃，吃多了零食对身体不好，他一定会非常懂事地克制自己，有礼貌地回绝："我妈妈不让我吃零食，我不吃了，谢谢！"

小西，同样是 4 岁的小姑娘。她吃饭的时候也很乖，会在妈妈的安排下很注意营养均衡，比如吃一口蔬菜，再搭配一口肉，她的妈妈会掰着指头算，今天吃的蔬菜种类是不是达标了。而孩子也很享受、很配合这样的方式，不得不承认，这小姑娘真的让大人很是省心。

每次看到这些孩子表现出来的涵养和自律，我都很感叹，毫无疑问，他们背后都有很伟大、很用心的妈妈。我也常常反思，如果辞职做一个全职妈妈，对孩子是不是更好？

现在，我相信，每个妈妈都有适合自己的教育孩子的方式，而每个妈妈都不用煞费苦心追求完美。羊羊和小西的妈妈，当然是很棒的妈妈，而我自己，大可不必因为和她们的差距而焦虑。吃饭虽然重要，但这和玩耍一样是一件自然的事情，我们只需要找到适合自己孩子的方式，做一个足够好的妈妈就够了！

那么，根据爱的五种语言，我们可以先自测一下，关于吃饭这个问题，60 分的妈妈应该怎么做？

表格中 100 分的妈妈，是我之前设想的完美妈妈的做法。0 分的妈妈，是我从童年、从现在、从身边、从网络上看到的各种极端做法，并且我一直认为，在中国这样的妈妈绝对是少数。而 60 分的妈妈，是我在心理专家的引导下，为自己设定的方向。

爱的语言/ 母亲类型	100分 完美母亲	60分 足够好母亲	0分 糟糕母亲
提供服务	1. 精心打造美味可口、营养全面的饭菜，要求孩子一定要按时、按量吃饭。 2. 以吃饱、吃好为最终目的，威逼利诱，各种手段一起上。 3. 如果孩子还是吃得不够，再拿各种加餐、营养品来补，确保孩子在成长过程中的营养吸收得到满足。	把决定权交给孩子，由孩子决定自己吃什么，用有趣的方式，引导孩子爱上吃饭。	完全放养，不管不问，爱吃就吃，不吃就让孩子挨饿。
温柔地接触	抱着孩子喂饭，用亲吻作为孩子吃饭后的奖励。	拥抱和亲吻都是妈妈平时爱孩子的语言，不会因为吃饭与否而改变。	把不拥抱、不亲吻作为孩子不吃饭的惩罚。
肯定的言语	1. 如果孩子吃饭吃得好，就会得到表扬："宝宝，你真乖，你真棒！" 2. 如果孩子没有好好吃饭，就会用"不吃饭就不是乖宝宝"这类的言语来引导孩子。	1. 不管孩子是不是爱吃饭，他都是值得表扬的孩子。 2. 不要用"你真棒"这么泛泛的语言去表扬孩子。 3. 引导孩子表达自己的观点，并且让他知道自己为什么被表扬，例如："宝宝今天告诉妈妈，不想吃茄子，想吃西红柿，这是很勇敢地表达自己的想法，做得很好！"	从来不会表扬孩子。

爱的语言 / 母亲类型	100分 完美母亲	60分 足够好母亲	0分 糟糕母亲
精心的时刻	1. 吃饭的时候，要有规矩，关掉电视，停止嬉笑，让孩子知道好好吃饭对身体的重要性。 2. 为了达到吃饭的目的，只要是孩子能接受的吃饭方式，都在努力尝试，比如边看动画片边吃饭，或者边做游戏边吃饭。	1. 和孩子一起下厨，创造有趣、有创意的快乐时光。 2. 和孩子一起吃饭，把吃饭变成一种愉悦的沟通，而不是一个严肃的仪式。	随便，孩子想怎么吃就怎么吃。
礼物	1. 拿礼物作为孩子好好吃饭的回报和鼓励。 2. 如果孩子不好好吃饭，就告诉他，不吃饭的孩子以后都不会有礼物。	1. 吃饭不是获得礼物的条件，礼物只是表达爱的方式之一。 2. 礼物未必是物质的，尊重孩子的意愿，做出孩子爱吃的饭菜，也是一种礼物。	小孩子根本不需要礼物。

第二章
餐桌的起源
——家庭农场

02

青翠欲滴的菜园，蝴蝶翩翩。

郁郁葱葱的果林，小鸟欢歌。

牛羊鸡鸭三五成群，悠闲地觅食。

夕阳西下，满墙鲜花的农舍，炊烟袅袅。

对于农场生活的向往，源于我天性中对大自然的热爱。

在这个不让孩子输在起跑线的时代，充斥着各种培训班、补习班，我却尽力在延缓孩子起跑的时间。因为，我希望孩子的童年可以慢一点，再慢一点，慢到有足够的时间去体会生活的本色。

比如做饭，比如种地。

很多朋友问："做这些有什么用？"

我从未想过这些有什么用，我只是觉得这些都是生活中最原始的东西，是几千年来人类祖祖辈辈生活的基础，为什么不体验一下，玩一把呢？

农场的建立，是在贝儿1岁多的时候。当时，我们在京郊找了一块地，开始自给自足种菜，当上了"周末农夫"。当然，这个"农夫"必须得打上引号。因为，事实上我们很少亲自动手种地。农场由贝儿的外公打理，我们只是玩票似的享受有机生活，享受大自然。

回想起来，农场生活其实是我们家亲子厨房最早的萌芽。大部分小朋友对厨房的认识，最多能延伸到菜市场，而我们家却是延伸到了土壤里。我们家亲子厨房的很多食材都是贝儿亲手种的，这实在很有趣！

比起菜市场，农场的蔬菜瓜果都是有生命力的，看着一粒一粒的小种子在地里发芽、生长、成熟、收割……在孩子的眼里，平时吃到的蔬菜、食材就变得生动而亲切了。

所以，对于贝儿这个挑食的孩子来说，她更愿意吃自家农场的菜。当然，不能否认，自家无农药、无化肥的菜，确实味道更好一些。

并不是每个妈妈都愿意像我这样找个农场种地。但是，趁着周末或假期，带孩子去

采摘瓜果蔬菜，是很多妈妈都喜欢做的。那么，就让孩子在采摘的过程中，去接触更多的农作物，了解它们背后的知识，增加孩子和食材的亲近感吧。

在农场玩久了，对蔬菜瓜果的一些常识了解得越多，我也渐渐发现，菜市场里其实陷阱重重。

1. 瓜果带花，就表示新鲜吗？

曾经，在菜市场逛的时候，我对带花的黄瓜和丝瓜情有独钟。它们不仅外形漂亮，在很多人的眼里也代表着新鲜。连花朵都这么娇艳欲滴，不是证明这些瓜果是刚刚采摘下来的吗？

NO！NO！NO！

有了自己的农场，我才知道，所谓开花结果，按照植物的生长规律，当然是要先开花，再结果了。等到瓜果成熟上市时，头顶上的花朵也应该自然脱落，至少也会变蔫、变枯。如果我们在菜市场看到头顶鲜花的黄瓜、丝瓜，那真的不要买！那一定是用过一些特殊的化学物品，才能保持这个效果的。

2. 西红柿如何挑选？

菜市场里，经常看到有小贩将西红柿堆成一座小山来卖，西红柿硬硬的，

也不会轻易被压坏，这其实是一个危险的信号。

在农场种植的有机西红柿，是比较软的。我们将西红柿摘下，即使放进一个普通的购物袋，也经常会出现压坏流汁的情况。所以要切记，西红柿成熟的标志是软而不是硬！除此之外，自然成熟的西红柿不是浑身通红，而是常常有些色泽不均匀，果蒂部分还会看到绿色。

❸ 蔬菜有虫眼就代表有机吗？

很多妈妈在选购果品蔬菜时，认为有虫眼的就是有机蔬菜，就是没有使用过农药的标志。这种想法也很片面，虫眼只能说明其曾经遭受过虫子的侵害，并不能说明没有使用过农药，我在农村看到过很多人在蔬菜遭遇虫害后再使用农药。尤其是当成虫出现后，为了采取补救措施，只能用大量高浓度的农药把害虫杀死，这样的蔬菜农药毒性反而更大。

所以，即使买到有虫眼的蔬菜，也不能掉以轻心，还是要用水泡等传统方法降低农药的浓度。另外，像韭菜、茼蒿、洋葱这类气味比较重的蔬菜，比较不容易被虫害侵袭，所以一般情况下，农药残留也比较少。

❹ 长得很大的瓜果一定是激素造就的吗？

以前我就是这么认为的，正常的瓜果不应该长得太大吧。可是在我自己的农场，没有用任何激素，各种瓜果也有长很大的情况。后来才发现，即使用天然的有机肥料，如果照料得好，瓜果也是可以长得比较大。不过，如果黄瓜大小完全一致，并且都长得笔直，那么真可能有问题！自然生长的瓜果，都是形状、长短各异的。

第三章
亲子厨房
用品的选择

03

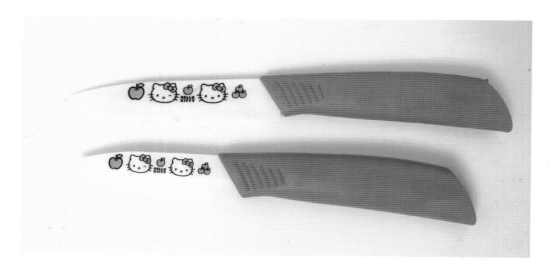

　　亲子厨房的厨具，和大人的厨具要有所区别。一部分要靠妈妈火眼金睛地选择；另一部分就要妈妈和孩子一起创造了。

一、刀具的选择

　　刀具的选择要非常谨慎，大人用的菜刀是万万不可给孩子玩的，安全是孩子下厨最要注意的。有的时候，可以用一些特殊的"刀具"来引导孩子切菜。

入门级

　　1.最简单的刀具就是切生日蛋糕用的塑料小刀，切鸡蛋、面包之类的绝对没问题。

　　2.冰棍棒，不要小看它，切薄饼、饭团，甚至用它搅拌肉馅都是很方便的。

　　3.线，钓鱼线或缝衣服的棉线都可以，切蛋糕、松花蛋超级棒。

中级

　　1.儿童西餐刀可以切煮熟的肉。

　　2.儿童做手工用的安全剪刀，可以用来剪蔬菜、肉，小朋友用剪刀比刀顺手。

高级

儿童菜刀套装网上有售，可以挑选孩子喜欢的卡通图案。

二、围裙、袖套

如果不想弄脏衣服，还是给孩子准备围裙和袖套吧。无论是在商场还是网上，都很容易买到。

如果孩子有兴趣，也可以动手制作。

袖套的做法：孩子穿过的旧的、宽松的裤子，把裤腿剪下来，截成适合孩子胳膊的长度，在两端装上橡皮筋即可。

围裙的做法：孩子穿过的裙子或大人的T恤，剪成围裙的形状，镶上花边，缝好布绳即可。

三、锅

并不是一定要用专门的儿童锅，一些有卡通图案的锅会激发孩子做饭的乐趣，可以视情况购买。

四、各种卡通模具

要想提升孩子做饭的兴趣，一些可爱的模具是必不可少的，可以在烘焙店买一些做蛋糕、饼干的卡通模具，经常会用得上。

五、果酱笔

果酱笔可以装果酱、奶油、巧克力酱等，让孩子在食物或餐具上画画。

第4章
菜谱，
由孩子自己创造

04

一、让孩子决定吃什么

亲子厨房的第一步，是由孩子来决定吃什么。

可是，如何才能让孩子做出这个决定？如果家长只是问："你今天想吃什么？"我猜，大部分的孩子会说"我什么都不想吃""我想吃巧克力"或者"我也不知道"。

我们无法指望一个几岁的孩子，很清楚地了解自己的口味。所以，让孩子决定吃什么，不是让孩子用语言来告诉你，而是让孩子的口味来告诉你。我们要做的，不是让孩子来回答一道问答题，而是回答一道选择题。这道选择题如何出，就需要前期的准备了。

第一步：了解孩子的口味

仔细回忆一下，你的孩子是不是喜欢一些固定的口味？

◎ **味道**：喜欢偏甜的还是偏酸的？

◎ **食材**：是不是有喜欢的食材？比如喜欢西红柿，讨厌胡萝卜。

◎ **口感**：喜欢脆的还是软的，或是其他口感？

◎ **烹饪方法**：喜欢清蒸、煎炒、水煮或其他？

第二步：结合当下的季节或环境

◎ **季节**：每个季节都有适合的菜式风格，例如夏天以清凉爽口为主，秋冬则以滋补为主。

◎ **应季食物**：虽然现在大棚、温室已经让大家能在一年的任意时节吃到各种蔬菜瓜果，但根据自然规律长出来的果实，还是更好一些。所以应季的蔬菜瓜果更值得向孩子推荐，这就要靠妈妈们掌握各个月份的应季菜行情了。

◎　**气候及环境：**除了季节的不同，气候和环境也是妈妈们要考虑的问题。例如在北京雾霾严重的时候，可以适当给孩子准备一些润肺的食物。

当以上的问题都在大人的脑海里运转过一遍以后，我相信大部分的家长都已经有一些菜式的想法了。接下来，家长就需要引导孩子一步一步发挥自己的创造力了。在我们家，一道亲子菜基本上是这么产生的。

我："贝儿，今天妈妈发现市场上有很新鲜的南瓜、冬瓜和菠萝，如果我们选其中一个来做菜，你觉得哪个比较好呢？"（了解完应季蔬菜后给出的选项）

贝儿："那就选菠萝吧。"

我："菠萝这个选择很有创意，可是怎么做呢？"（赞美的语言激发孩子的自信和兴趣）

贝儿："我也不知道。"

我："你想想，菠萝是什么形状的，它有什么特征呢？"（引发孩子对形状、属性的思考）

贝儿："菠萝有一个大大的肚子。"

我："那我们可以利用这个大大的肚子哦，不如找一些食材装进菠萝的肚子里吧，你觉得好吗？"（给出一个雏形，引导孩子思考的方向）

贝儿："如果我们是去野餐的话，用菠萝肚子装东西就不错，我们把菠萝做成一个小篮子吧。"（果然孩子的想法更有创意）

我："哇，做成篮子一定很漂亮，那我们在篮子里装什么东西呢？"

贝儿："装棒棒糖。"（我晕，真不应该给出一个开放性的问题，看来选择题还得继续啊！）

我："棒棒糖可不是菜哦，我们必须装一些蔬菜或者干果、主食。这样，我们选5种不同颜色的食材吧。白色的，放什么呢？"（让孩子不再纠缠关于棒棒糖的问题，最好就是用另一个问题来转移他的注意力）

贝儿："那就米饭吧。"

我："好的，再选一个红的和一个黄的。"

贝儿："红的，那就西红柿吧，黄的嘛……菠萝不就是黄色吗？"

我："对啊，那我们把西红柿切成丁，再把菠萝肉也切成丁吧，还差两个颜色，你来决定好吗？"

　　贝儿："好啊，那我再选绿色和蓝色吧，绿色选青豆，蓝色嘛……咦，有蓝色的菜吗？"

　　我："好像没有呢，我再想想。"（我赶紧上网搜索，终于找到了一样蓝色的食材——蓝莓，嗯，蓝莓或者蓝莓干可以吗？）

　　贝儿："蓝莓干，我不爱吃，换成葡萄干可以吗？"

　　我："当然可以，不过蓝莓也是很好的水果，不仅含有丰富的维生素，还可以保护我们的视力哦（刚从网上搜来现学现卖的），今天虽然我们不做蓝莓，但是下次我们可以买蓝莓回家吃，好不好？"

　　贝儿："好吧。"

　　我："那我们把这个菠萝篮子做成什么口味呢？菠萝已经是酸酸甜甜的了，葡萄干、西红柿也都是差不多的酸甜味道，会不会太甜了点儿？"（知道孩子爱吃甜的，正值夏末秋初天气热，孩子不爱吃饭，故意用酸甜的口感增强她的食欲，但是又不想她吃得太甜）

　　贝儿："我喜欢吃甜的，不过可以加点盐。"

　　我："嗯，不错，那我们是把这些食材蒸好了放进篮子，还是像炒饭那样

炒呢？或者和篮子一起蒸？用蒸的方法，会让这些食物变得更软。"（知道孩子喜欢软的口感，特意推荐了蒸的方式）

贝儿："不要一起蒸，那样我的篮子就太烫了，还是蒸好了放进去吧。"

我："哇，我好像闻到菠萝篮子的香气了，我们一起来做这道你创造的菜吧！"

其实这不就是在很多餐馆都可以吃到的菠萝饭吗，以前贝儿在餐厅并不是特别爱吃这个饭，但是这回是她自己创造的，吃起来就津津有味了。

YOKO有话说

　　尊重孩子的意愿，并不是放任他们天马行空，如果菠萝篮子里面真装满棒棒糖，估计家长们都得哭了。可以让孩子自己选择食材、口味，但是整体方向还是需要家长的把关，看看这些食材是不是适合搭配，在味道上能不能做出彩。
　　尊重孩子的胃口，是让孩子爱上吃饭的第一步。

二、提升孩子的创造力

厨房不仅仅是做饭的地方，也是提升孩子能力的课堂。早教书上教的训练孩子观察力、创造力的方法，很多是可以搬进厨房的。毕竟，厨房是家里离大自然最近的地方。

色彩观察和搭配

在厨房里，你会发现大自然的颜色真是足够丰富：五颜六色的蔬菜、瓜果、五谷杂粮……绝对不亚于孩子手里的水彩笔和颜料。

贝儿2岁的时候，我们的色彩游戏常常在厨房里完成。最初，她对认识颜色乐此不疲，喜欢按照大人的指令完成任务。

"选出红色的菜。"

"找出绿色的菜。"

"橙色的菜在哪里？"

……

慢慢地，我们开始让她自己选择喜欢的颜色，她把蔬菜瓜果分成了"漂亮"的颜色和"不那么漂亮"的颜色。例如西红柿的颜色她喜欢，而土豆的颜色她不喜欢。

到后来，很多菜的颜色搭配都是贝儿自己完成的。好看不好看，对于我们来说并不强求，孩子有自己的审美，只要她搭配出了自己心里的颜色，我觉得就是一件很好的事情。

贝儿差不多到5岁时，她开始不满足于自己搭配颜色，而是着手改造颜色，在土豆泥中加上蔬菜汁做成彩色土豆泥。因为她觉得土豆的颜色不够美，希望把它变成自己喜欢的颜色。

对于我来说，厨房是让孩子折腾的地方，她自己改造的颜色是什么不重要，重要的是她喜欢吃。

 ## 形状观察和塑造

还记得那些教孩子认识图形和蔬菜瓜果的书吗？其实厨房就是它的现实版本。

鸡蛋是什么形状？茄子是什么形状？面包片是什么形状？面包片还可以切成什么形状？这些都是教孩子认识形状更实际的方法。

有一段时间，我们喜欢直接把面皮片切成七巧板，或者烘焙不同形状的饼干，让孩子自己玩，自己组合。

 ## 米饭团

孩子不喜欢吃饭，那他喜欢玩儿吗？在米饭里加点儿熟鸡蛋、红薯，或者加点儿肉松、蔬菜丁，给他们洗干净小手，让孩子捏饭团玩儿吧。管他们捏成什么形状呢，反正，自己捏的自己负责吃。嗯，根据经验，这招前几次还是管用的。

面团

做饺子、擀面条的时候，随手扯一块面团给孩子玩儿吧，这就是他们的橡皮泥。把不同颜色的蔬菜汁、果汁分别加到面团里，这就是彩色版的橡皮泥了！

另外，还可以用这些彩色的面团，做出彩色的饺子和面条给孩子吃。

另类的手工游戏

既然是亲子厨房，当然是以玩为主，好多食材都是做手工的绝好材料！

① 蛋壳娃娃

用蛋壳做各种小玩具、小饰品，是简单又好玩的事情。怎样才能把蛋清、蛋黄取出来，又尽量让蛋壳保持完整呢？

1．用叉子、水果叉等尖锐的东西，轻轻敲鸡蛋的一头。

2．蛋壳出现筷子头大小的洞后，轻轻摇晃，将蛋清慢慢倒出。

3．把吸管插入蛋壳，将蛋黄外面的膜捣破，轻轻将蛋黄倒出。

4．往空蛋壳中装水，清洗干净，

晾干。

5．随意在蛋壳上作画。

6．用彩纸装饰成各种造型。

②. 蔬菜拼画

做饭的时候，随手拿出几片菜叶、几个瓜果或者几颗豆子。用盘子做道具，或者干脆给他们一张白纸，看看孩子们能做出什么样的作品来。

③. 豆豆计算游戏

孩子刚开始学数学的时候，喜欢掰手指头，但手指头只有十个啊，哪能满足算数的需求？这个时候，厨房里的豌豆、黄豆、绿豆甚至玉米粒、花生米都可以帮忙了。

让孩子把豆豆从一个碗拿到另一个碗里，数数一共有多少颗。再来玩玩加法：左手2颗豆，右手2颗豆，一共有多少颗豆呢？用加法算，然后合并在一起数数看。减法也是同样的道理，碗里有4颗花生，吃掉1颗，还剩几颗？

手指灵活练习

心灵手巧，是我们常常挂在嘴边对孩子的希望。厨房里有很多劳动，对于孩子来说都是培养手指灵活度的游戏。

剥蒜游戏：从撕下整头蒜的"外衣"，到剥开每一瓣蒜的皮，都可以让孩子独立完成。游戏的难度指数并不低，同时还要提醒孩子，剥蒜的手千万不能揉眼睛。

这个游戏还可以衍生成剥花生、剥鸡蛋等。

摆盘游戏：菜做好后让孩子自己摆盘，做装饰。

第5章

情感的接纳：
美食与童话

05

有一天，贝儿主动跟我说："妈妈，我好想吃海南椰子鸡！"

这让我非常惊讶，因为这道菜贝儿从未吃过。她怎么会无缘无故有这样的想法？一问她才知道，原来她是看某一部动画片里说起了这道菜。

还有一次，我和贝儿逛超市，她指着一种儿童牛奶非让我买不可，说电视上播了，这个牛奶有很多很多种营养。后来我专门留意了电视台的节目，发现这种牛奶冠名了一档孩子最喜欢的少儿节目，在很多游戏里都植入了牛奶的环节。

这些营销手段对孩子为什么会见效？说白了，他们戳中了孩子的情感。孩子没有辨别能力，但是动画片和电视节目的游戏让他们有亲切感。正如很多著名卡通形象相关的衣服、玩具都深受孩子喜欢，与其说卡通形象真的可爱，还不如说是孩子把这些动画片里的人物当成了好朋友，他们在动画片里找到了自己的精神世界。

对于吃饭也是如此，如果孩子觉得各种美食都是自己的朋友，而不是妈妈给我的任务，他们的接纳度就会高很多。

所以，在晚上的睡前故事环节，我也常常会把一些美食植入到故事里。这些故事开始的时候都是我自己编的，后来慢慢演变成了孩子和我一起创造。

美食王国的故事，我们大概陆陆续续也编了几十个，每次孩子抗拒一些食物，我就会把这些食物变成鲜活的人物形象，增强孩子的亲切感。

这个，真的很见效！

一、美食与童话

👤 美食王国的百变精灵

美食王国里，有一个灰姑娘。

她看上去很朴素，既不美丽也不高调，没有花菜的美貌，没有黄瓜的高挑，也没有胡萝卜的艳丽。

她就是米饭。

米饭姑娘实在是太普通了，每天都能看见她，但她却永远像一个影子，是人们在吃各种美味时的附属品。很多人都觉得，米饭是一种没有任何味道的食物。

（以上是妈妈讲的故事开头，分界线以下，蓝色字是贝儿讲的故事，黑色字是妈妈的插科打诨。）

NO，NO，NO！

谁说米饭没有任何味道？我觉得米饭是甜的！真的，不信你试试，把米饭放进嘴里，慢慢嚼，就会有甜甜的味道！

哦，对啊，为什么米饭会有甜味呢？

美食王国里的玉米博士告诉大家：米饭的主要成分是淀粉，淀粉受到唾液淀粉酶的影响，分解成了麦芽糖（甜的），所以感觉米饭越嚼越甜。小朋友吃饭的时候，细嚼慢咽就会感觉到。

可是，大部分人还是不相信，尤其是很多蔬菜，他们说："这怎么可能呢？大家都说吃菜下饭，就是因为我们是美味的，但是米饭不好吃！"

　　于是，玉米博士说："要不我们来一场比赛吧，看看米饭是不是真的只能是米饭，也许她可以变甜，也许她可以变成很多种味道。"

　　就这样，米饭的擂台赛开始了。
　　鸡蛋第一个上台，米饭一看就笑了，不费吹灰之力就把自己变成了蛋炒饭。哇，这个简直是美味呢！

　　小白菜也上台了，米饭喝了一口水，就变成了蔬菜粥。
　　后来，各种肉上台了，也被米饭变成了各种炒饭。
　　菠萝不服气，也上台比赛，结果被变成了菠萝饭。
　　其他水果也纷纷上台，哎呀，这次成了一大锅水果粥了！
　　最后，谁也不敢上台了，米饭一个人在台上，就变不出什么东西来了吧？
　　谁知道，米饭自己往旁边的竹子上一靠，就变成了竹筒饭。

　　最后，米饭看到第一个上台的鸡蛋还留下了一堆鸡蛋壳在台上，于是摇身变成了蛋壳饭。
　　这下，台下响起雷鸣般的掌声，大家都相信了，米饭真的是无所不能的百变精灵，再也没人觉得她不重要了！

苦瓜变形记

在美食王国里，很多人都是生来美味的，西红柿是酸甜的，黄瓜是清甜的，玉米是香香的。可是有一个可怜的孩子，却是天生带了一身的苦味，他的名字叫苦瓜。

苦瓜的味道实在是太苦了，大家都不喜欢他，甚至觉得他没有资格生活在美食王国。于是苦瓜整天躲在屋子里哭，哭得小脸一会儿白一会儿绿。虽然日子过得很忧伤，但是苦瓜依然是一个善良、乐于助人的好孩子。

一天，美食王国里的美女——豆腐姑娘忽然接到邻国的邀请，要出席一次公益选美比赛。这下豆腐可犯愁了，因为她只有一件很旧的白色的衣服，怎么可能在选美比赛中脱颖而出呢？

于是，美食王国里最棒的两位服装设计师——西红柿和肉沫，自告奋勇地来帮豆腐姑娘设计衣服。

豆腐姑娘希望自己的衣服上有很多美丽的花朵。西红柿说："我来吧，我的汁是红色的，可以画很多花。"肉沫说："我来吧，我可以自由组合成各种花的形状。"

可是，做起来却不是那么容易，西红柿画的花总是七扭八歪，肉沫变形了无数次，可是形状还是和花相差甚远。这可怎么办呢？

这个时候，苦瓜怯怯地出现了。他说："我有一个办法，你们看我平时虽然又丑又苦，但是我心里开满了花，不信你们看。"说着，苦瓜将自己一分为二，露出了肚子的横截面。哇，小朋友们全都惊呆了，果然，苦瓜的肚子里是圆圆的，还带着花边，像极了太阳花的样子。

于是，西红柿和肉末钻进了苦瓜的肚子，用他们的色彩和形状变成了太阳花的花蕊。豆腐姑娘的漂亮衣服终于完工了，她穿着这衣服出席选美大赛，最后获得了冠军！

消息传回美食王国，大家为豆腐欢呼的同时也明白了一个道理：看上去毫不起眼的苦瓜，其实是一个内心充满了阳光的好孩子，只需要换一个角度去看他，就会发现他的美丽。

童话：开公交车的小土豆

作者：贝儿

　　从前有一只土豆，他拉着好朋友西红柿一起出去玩。他们想开车出行，但是又不知道怎么开车，于是就去书店里买书，可是看了书还是不会开车。于是又去看电视，电视里也没有教开车的节目。最后他们在网上找到了开车的方法，学会了开车。

　　学会了开车，土豆就成了公交车司机，西红柿成了售票员。

　　他们的目的地是游乐场。

　　他们沿途招呼美食王国的朋友上车，青菜、牛肉、鸡腿等美食纷纷上了车，一起到游乐场玩。

　　在游乐场里，美食们都玩得好开心，他们坐了旋转木马，坐了小火车，然后又一起到湖里玩 。西红柿把自己分成两半，变成了红色的船，让小伙伴们都来划船。

　　这时候，忽然出现了一个人，他看到这么多美食在湖里玩，大声地喊了起来："天哪！难道这是在煮火锅吗？"

　　小伙伴们听了哈哈大笑。原来，这个人是来美食王国旅游的，他不知道美食王国的美食们都会说话，还会像人一样生活。

　　土豆说："我们不是煮火锅，我们是在划船呢，不过如果你喜欢，我们可以变成很多很多种好吃的菜。"话音刚落，美食们都开始表演了，土豆和牛肉跳了一段土豆炖牛肉舞蹈，然后和鸡腿又一起讲了咖喱鸡腿的故事，牛肉划着西红柿船，来了一段西红柿牛肉二人转。

　　精彩的表演看得游客口水直流。

　　小伙伴们给游客介绍，我们美食王国到处都是好吃的，我们时时刻刻可以制造出美味。如果你喜欢这里，可以带更多的朋友来我们王国做客。

　　从此，美食王国的游客越来越多，土豆司机每天都要开着公交车出去接客人，他的公交车生意越来越火爆了！

一边吃美食一边治病的神奇医院

美食王国里，新开了一所神奇的美食医院。这所医院没有药，没有吊瓶，没有针，甚至没有消毒水的味儿。

很多小朋友对美食医院都很好奇，这所医院的医生是怎么治病的呢？幼儿园的老师知道了，决定带小朋友们去医院参观。

在一个风和日丽的下午，小朋友们排队出发了。在路上，他们各自领了任务：要在医院里工作一天，跟医生叔叔学习如何治病。

医院到了，按照之前的任务，贝贝去了呼吸科，瑞瑞去了肠胃科，童童去了眼科。

贝贝到了呼吸科，跟着主任医生梨叔叔工作。接待的第一个病人有点轻微的咳嗽。梨叔叔从身上挤了点梨汁，加了点冰糖，给病人喝下，病人果然舒服了很多。真的很神奇！除了梨叔叔，呼吸科的枇杷姐姐、川贝姐姐、薄荷姐姐帮助很多病人缓解了咳嗽、嗓子疼等病症。

瑞瑞在肠胃科正好遇见两个情况完全不同的病人，一个病人拉肚子，而另一个病人便秘。拉肚子的病人正在医院喝牛奶呢，他说自己太饿了。护士赶紧让他别喝牛奶了，把他送到蔬菜医生那里，喝了一点蔬菜粥，顿时精神了很多。而便秘的病人被送到白萝卜姐姐那里喝了白萝卜水，也觉得顺畅了很多。

眼科的主任医生是胡萝卜阿姨，还有红薯、菠菜、韭菜都是眼科的著名大夫。童童以前最讨厌吃胡萝卜和菠菜了，但是在眼科，他了解到这些都是明目的食物，于是暗下决心，平时还得吃点胡萝卜和菠菜呢。

一天的实习结束了，贝贝、瑞瑞、童童还有班里其他小朋友都学会了很多知识。原来，生病了不仅仅要吃药，很多美食也可以辅助我们治病呢！

二、百变主食篇

　　上一节讲到米饭成为百变精灵的故事，尤其是最后那个蛋壳饭获得了大家的一致好评，那么，蛋壳饭是什么呢？

蛋壳红薯饭

原料：

鸡蛋 4 个，红薯半个，米饭 1 碗

制作步骤：

1. 用小勺在鸡蛋尖的一头轻轻敲开，轻轻倒出鸡蛋液。
2. 红薯去皮，切成薯条。
3. 米淘好，装入蛋壳中 2/5 的位置。
4. 插入红薯条。
5. 加水到蛋壳 4/5 处。
6. 装碗里保持蛋壳竖立。
7. 上蒸锅蒸熟。

YOKO 有话说

　　如果是大人做，可以用剪刀将蛋壳边缘修剪整齐，但如果是孩子亲手做的美食，不用太追求美观，蛋壳破碎了一些也不要紧。

👤 菠萝饭

　　酸酸甜甜的水果口味，是大部分小朋友都很喜欢的。把米饭做得像零食，是哄孩子吃饭的好方法。

　　菠萝饭算是一道比较大众的主食，在很多餐厅都能吃到。菠萝饭其实没有固定的食谱，我的秘诀是，孩子爱吃什么，就给他加什么料。

原料：
菠萝 1 个，鸡蛋 1 个，米饭 1 碗，盐、葡萄干、豌豆、坚果、香肠各适量

制作步骤：

1. 将菠萝对半切开。
2. 用小刀将菠萝肉掏空，留下空壳。（这个过程会产生一些菠萝汁，可用其他容器盛好待用，菠萝肉可用盐水浸泡待用）
3. 米饭蒸熟待用。（也可用糯米饭）
4. 选配料的决定权可以交给孩子，葡萄干、豌豆、腰果、香肠等都可以考虑。
5. 炒锅放油，加入打散的鸡蛋液炒至半熟，加入各种配料和米饭，加入少许盐，翻炒至熟。
6. 加入菠萝肉和菠萝汁翻炒几下，即可出锅。
7. 将菠萝饭放入菠萝壳，稍作装饰即可。装饰的过程可以交给孩子来做，发挥他们的创意，就是一份漂亮的美味。

46

👤 南瓜糯米饼

南瓜的营养成分比较全，营养价值也很高。可惜，很多孩子不喜欢南瓜的味道，那么，试试香甜可口的南瓜饼吧。

原料：

南瓜 500 克，糯米粉 450 克，红豆沙 200 克（也可替换成黑芝麻等任意一款孩子喜欢的馅料），鸡蛋 2 个，白糖 50 克

制作步骤：

1. 南瓜去皮和瓤，切成小块。
2. 上蒸锅中火蒸 20 分钟左右，至南瓜软烂。
3. 取出南瓜，用小勺捣成泥状。
4. 加入鸡蛋液，根据个人口味加入白糖，搅拌均匀。
5. 分次加入糯米粉，揉至成形且不黏手的糯米团。
6. 将糯米团分成大小均匀的小面团，加入红豆沙馅料搓成圆球（汤圆状）。
7. 将圆球压扁，待用。
8. 平底锅热锅下油，小火煎至南瓜饼两面金黄，沥油出锅，摆盘。

小贴士

1. 加入糯米粉的过程中，如果因为糯米粉过量导致面团太干，可适当加入牛奶调和。
2. 馅料不是必需品，根据小朋友的口味也可不加馅料，直接将南瓜糯米团下锅煎。

YOKO 有话说

油炸等高温危险的环节不适合小朋友，但搓南瓜饼的过程对于小朋友来说，简直是美食版的橡皮泥手工。所以让孩子放手去创造吧，不用在乎外形如何，没有小朋友会嫌弃自己的作品。

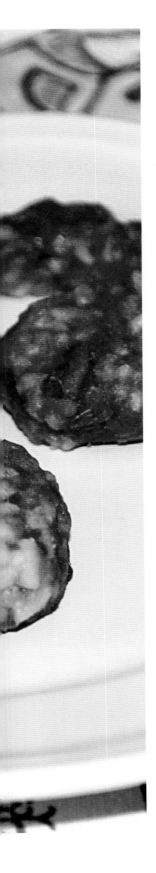

🧑 紫薯饭团

原料：
紫薯 100 克，米饭 1 碗

制作步骤：

1. 紫薯带皮上蒸锅蒸软。
2. 去皮后，用勺子或擀面杖将紫薯捣成泥。
3. 将米饭加入紫薯泥中。
4. 让孩子任意捏出饭团造型。

　　考眼力的时间到了，这完全是贝儿的作品，有球形、正方体、长方体、圆柱体，还有弯弯的月亮，你看出来了吗？别嫌丑哦，反正孩子自己的作品，在他们的眼里都是宝！

YOKO 有话说

　　紫薯带皮蒸更利于保持营养，同时蒸熟后也更容易去皮。

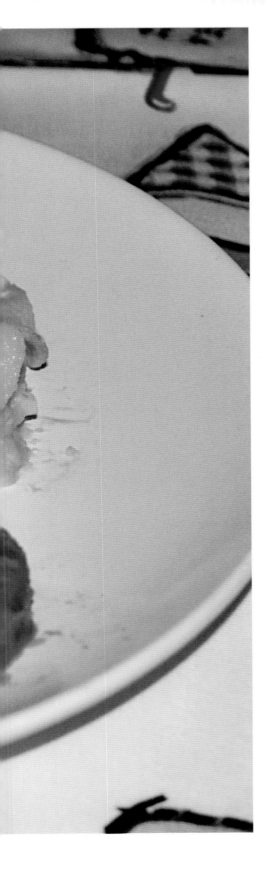

● 蛋包豆腐番茄饭

原料：

豆腐约 1/8 块，米饭 100 克，面粉 20 克～30 克，牛奶 20 毫升，鸡蛋 2 个，番茄酱适量

制作步骤：

1. 米饭拌入番茄酱待用。
2. 豆腐切成小块，加入面粉、牛奶、打散的鸡蛋，调成糊状。
3. 煎锅烧热后，放少许油，倒入面糊，小火慢慢煎成饼。
4. 将米饭放入锅中炒热，用饼将米饭包裹起来。
5. 摆盘，由小朋友做装饰。

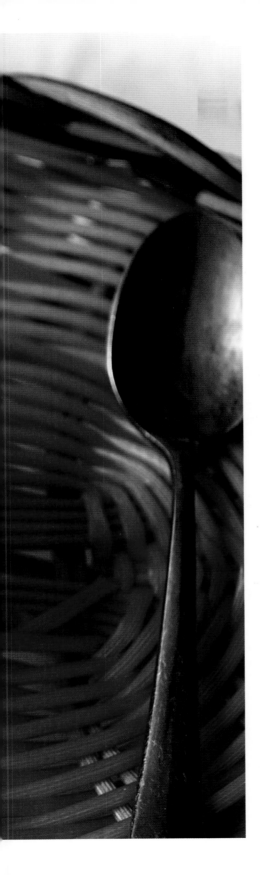

👤 南瓜泥烤蛋

原料：

南瓜 500 克，鸡蛋 4 个，牛奶 100 毫升，猕猴桃 1 个，盐适量

制作步骤：

1. 南瓜上蒸锅蒸软。
2. 用勺子捣成南瓜泥，加入牛奶，搅拌均匀。
3. 放入蛋挞模具，做成蛋挞坯的样子。
4. 打入一个鸡蛋，撒上少量盐，加入猕猴桃丁。
5. 进烤箱 180℃烤 15 ~ 20 分钟，至鸡蛋凝固。

三、营养早餐篇

🥚 核桃花生蜜

原料：

生核桃 250 克，生花生 200 克，芝麻一把，
蜜枣 10 颗，白糖适量

制作步骤：

1. 将生核桃、生花生切碎，加入芝麻混合。
2. 锅里放少许油，油热后倒入上述材料。
3. 小火炒至香气飘出，加入蜜枣（可切片）。
4. 加入白糖，炒化。
5. 待花生和核桃微黄即可出锅。

YOKO 有话说

　　如果不打算一次吃完，需快速将核桃花生蜜分成多份，分开保存。否则待白糖晾干之后，核桃花生蜜容易凝结成块，不好分割。

👤 核桃花生荷包蛋

原料：

核桃花生蜜 50 克，鸡蛋 1 个

制作步骤：

1. 锅里放凉水，将核桃花生蜜放入。
2. 等水温变热但还没开时，打入鸡蛋，小火慢慢煮 10 分钟。

58

👤 核桃花生粥

原料：

核桃花生蜜 50 克，白粥 1 锅

制作步骤：

1. 粥熬好后，将核桃花生蜜放入，轻轻搅拌。
2. 中火煮大约 1 分钟后即可出锅。

鸡蛋烤面包

原料：

鸡蛋 1 个，面包半个，培根 1 片，椰条、盐、圣女果各适量

制作步骤：

1. 将面包横向切片，中间挖出一块，但不可挖透。
2. 在面包中间打入一点鸡蛋，用手指捏一点点盐，均匀地撒在鸡蛋上。
3. 加上培根，让小朋友任意造型。
4. 放入烤箱，180℃烤 8 分钟至鸡蛋凝固。
5. 撒上椰条，配上圣女果摆盘。

60

👤 卡通煎鸡蛋

原料：

　　鸡蛋1个，盐、各类带颜色的酱（番茄酱、巧克力酱、花生酱等）、海苔、水果各适量

制作步骤：

1. 卡通造型的锅放少许油，在锅底抹均匀。
2. 打入鸡蛋，煎熟，加少许盐。
3. 让孩子用各类带颜色的酱、海苔、水果等，给鸡蛋做装饰。

YOKO有话说

　　每个孩子都是艺术家，请尊重孩子的造型，可以指导他们各种材料的用法，但是不要摆出造型让他们完全模仿。
　　图片是贝儿的作品。

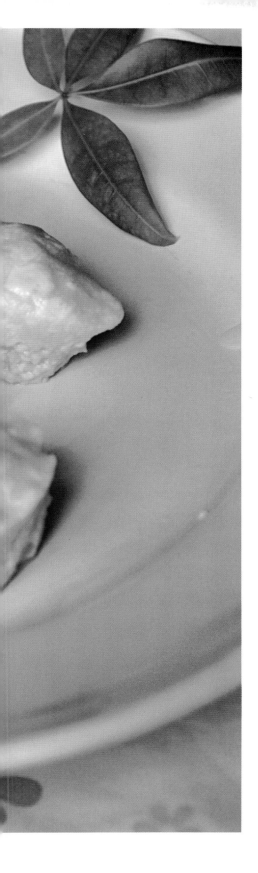

黄桃豆腐酪

原料：

　　黄桃 1 个，豆腐半盒，面粉 150 克，牛奶 200 克，鸡蛋 1 个，盐适量

制作步骤：

1. 黄桃切丁，放入模具。
2. 豆腐捣碎，加入牛奶、面粉、鸡蛋液、盐，拌匀。
3. 混合的糊放入模具，将黄桃覆盖。
4. 上蒸锅，中火蒸至成形。
5. 取出装盘。

YOKO 有话说

　　1.黄桃豆腐酪非常软，不易从模具中取出，也可以用小勺在模具中挖着吃。

　　2.没有黄桃的话，用其他桃或香蕉代替也可以。

四、健康蔬菜篇

苦瓜的味道几乎没有小朋友会喜欢，我小时候也是对苦瓜避而远之。

记得儿时吃过一道不怎么苦的苦瓜菜，不知道厨师用了什么方法，但真的是让苦味淡了很多。

长大后，我尝试了很多次，都没有办法去除苦瓜的苦味，倒是找到很多用其他食材来掩盖苦味的方法。

之前讲过的童话《苦瓜变形记》，其实就是下面这道蜜汁苦瓜酿豆腐。早就知道孩子不会喜欢吃苦瓜，如果最终孩子还是不能接受苦味，最起码可以通过这个故事增加一些对苦瓜的好感吧。

蜜汁苦瓜酿豆腐

原料：

　　苦瓜 1/4 根，西红柿 1 个，肉沫 100 克，北豆腐 1 块，盐、酱油、白糖各适量

制作步骤：

1. 将苦瓜横向切片，去掉瓤（一定要把瓤去干净，因为这是最苦的部位）。
2. 苦瓜片在开水中焯一下，捞出泡在白糖水中。
3. 在西红柿丁和肉末中加入盐和少许酱油，拌成肉馅。
4. 北豆腐横向切成两半，用调料勺或其他圆形的工具（例如裱花嘴、小勺等）将豆腐挖出几个圆形的洞。
5. 填入肉馅，用苦瓜片覆盖洞口。
6. 上蒸锅蒸 15 分钟。
7. 摆盘，可加入番茄酱或将调味汁淋在豆腐上。

🙂 彩色土豆泥

原料：

土豆 500 克，菠菜 200 克，西红柿 1 个，牛奶 50 毫升，
裱花袋 1 个，盐适量

制作步骤：

1. 土豆带皮上蒸锅蒸到软烂。
2. 去皮后，用勺子或擀面杖将土豆捣成泥。
3. 如果喜欢口感更细腻，可用筛子过筛。
4. 加入少量牛奶及盐。
5. 西红柿及菠菜分别放入搅拌机，打成红色和绿色两份汁。
6. 将蔬菜汁分别加入土豆泥，搅拌均匀。
7. 用裱花袋将土豆泥挤花摆盘。

YOKO 有话说

1.如果没有裱花袋，也可以让孩子捏各种造型。

2.过筛的筛子最好选用做烘焙时过筛面粉的筛子。

3.牛奶一定要一点一点地加，防止加过量后土豆不易成形。

4.如果没有搅拌机，可用手工剁（类似于剁肉馅）的方法，将西红柿、菠菜剁成酱。

5.除了西红柿和菠菜，任何带颜色的蔬菜都可以用。

素宫保鸡丁

　　夏天的时候，由于天气炎热，真是没吃肉的欲望。用茄子做一道爽滑可口的素宫保鸡丁，是适合夏天喝粥的清爽佐餐。

　　茄子的口感真是比鸡肉嫩滑得多哦！

原料：

　　茄子1根，红薯粉100克，面粉150克，鸡蛋150克，水淀粉1汤匙、酱油、盐、白砂糖、料酒、花生米、葱段、姜末、蒜茸各适量

制作步骤：

1. 茄子去皮、切丁，将红薯粉、面粉、盐、鸡蛋液混合，裹在茄丁上。
2. 锅中放油，将茄丁炸至金黄，捞出。稍凉后，再炸第二遍，捞出沥干。
3. 水淀粉、酱油、盐、白砂糖和料酒调成芡汁。
4. 锅中放油，中火烧至三成热时放入花生，转小火炸至微微发黄，捞出沥干。
5. 锅中留底油，烧热后放入大葱段、姜末、蒜茸和茄丁翻炒，调入芡汁，待汤汁渐稠后放入花生仁，拌炒数下即可。

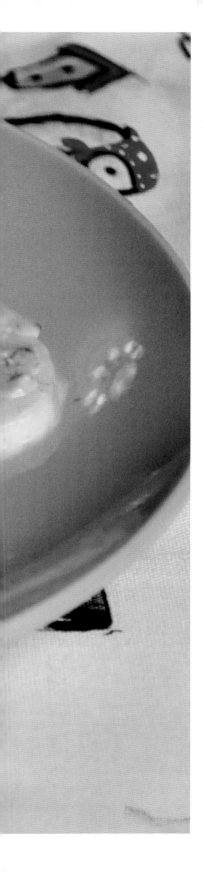

奶酪莲藕

原料：

　　奶酪 200 克~ 300 克（为了颜色好看，可选用草莓味、粉色的奶酪），莲藕 1 节，洋葱圈 50 克

制作步骤：

1. 莲藕切片，在开水中煮软。
2. 藕片捞出控干。
3. 炒锅加热，加入几滴油，下入洋葱圈，炒约 2 分钟，待洋葱汁溢出时放入奶酪，翻炒。
4. 加入藕片，让奶酪均匀地裹在藕片上。
5. 装盘，待奶酪放凉后，会形成固体，嵌在藕眼中。

YOKO 有话说

　　奶酪的味道比较淡，喜欢甜味的孩子，可以适当加入蜂蜜。

五、能量肉类篇

👤 南瓜小米蒸羊排

原料：

外观漂亮的小南瓜 4 个，小羊排 500 克，小米 150 克，盐、蚝油、白糖各适量

制作步骤：

1. 小米提前用清水泡 1 小时。
2. 羊排切 2 厘米 ~ 3 厘米的小块，用盐、蚝油、白糖腌制 30 分钟。
3. 小南瓜从顶部切开，用小勺挖出子和瓤，可适当挖去部分果肉，但不可薄于 1 厘米。
4. 少许油下锅烧热，大火将羊排快速炒至微黄、香味溢出即可。
5. 将羊排沥干油后捞出待用。
6. 小米沥干水后，放少许盐搅拌，并均匀地裹在羊排上。
7. 用小勺将羊排和小米装入小南瓜，盖上南瓜盖，注意每个南瓜之间留出一定的空隙。
8. 上锅蒸 20 ~ 30 分钟即可。

YOKO有话说

南瓜和小米都有润肺健脾的功能，这道菜可以帮助胃口不好的小朋友补充营养，所以制作时尽量清淡，没有加入过多的香料。购买羊肉时，尽量选择产地为内蒙古等地的原生态羊肉，有比较浓郁的羊肉香味。养殖的羊肉味淡且膻，小朋友不喜欢食用。

👤 煎蝴蝶骨

原料：

羊蝴蝶骨 1 块，芝士酱、水果、蚝油、盐各适量

制作步骤：

1. 羊蝴蝶骨洗净，沥干水。
2. 用叉子在肉上戳出一些小孔，加蚝油和盐腌制。
3. 煎锅中放黄油，融化后加入蝴蝶骨，两面煎熟。
4. 摆盘，加上芝士酱，可搭配一些水果。

👤 养胃排骨汤

原料：

排骨 500 克，山药 100 克，藕 100 克，玉米 100 克，盐、淘米水各适量

制作步骤：

1. 排骨切块，用淘米水洗净，搓洗至手感发涩没有油腻感。
2. 排骨放锅里，大火煮开，去除血水。
3. 重新放水，水开后，转至小火煮排骨，加盐。
4. 等肉质松软，加入山药、藕、玉米，煮约 20 分钟即可。

🍲 鱿鱼鸡汤

原料：

土鸡 1 只，鱿鱼 1 条，盐适量

制作步骤：

1. 土鸡切块，鱿鱼切片待用。
2. 锅里加水，开大火，水温热时放入鸡块，待水开后，取出鸡块，将鸡块的血沫冲干净。
3. 另起锅，放足水，加入鸡块，待开锅后转小火。
4. 鸡肉九成熟时，放入鱿鱼，并且根据口味加入盐。
5. 待鸡肉和鱿鱼肉软后，即可食用。

YOKO 有话说

———————————————

　　鱿鱼的加入会让鸡汤的味道特别鲜美。建议少放盐，才能更好地品尝鸡汤的鲜味。

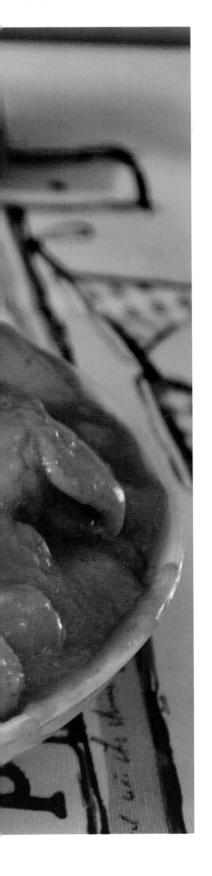

● 咖喱鸡

原料：

鸡肉 500 克，咖喱块 2 块，胡萝卜半根，土豆 1
个，淡奶油、白糖、盐各适量

制作步骤：

1. 胡萝卜切丁，土豆切块，待用。

2. 把鸡肉切成块，洗净。

3. 鸡块放入锅中，加冷水大火煮开，捞出后洗
   净血沫。

4. 锅中倒入油，放入咖喱块，小火炒出香味后
   放入鸡块，根据口味加盐调味。

5. 鸡块八成熟时，先放入土豆块，稍后放入胡
   萝卜丁。

6. 快出锅时加少许糖调味，并加入淡奶油，即
   可出锅。

👤 南瓜炒猪肝

原料：

猪肝 500 克，葛粉 25 克，南瓜 250 克，盐适量

制作步骤：

1. 南瓜切块，蒸熟，用小勺捣碎。
2. 猪肝切片。
3. 葛粉加水、盐，调成糨糊状，均匀地裹在猪肝上。
4. 炒锅放油，大火炒猪肝。
5. 快熟时放入南瓜，翻炒出锅。

YOKO有话说

　　买不到葛粉的时候，也可用淀粉代替，但口感没有那么嫩滑。

👤 冰糖肘子

原料：

肘子 1 个，卤料 1 包，冰糖 20 克

制作步骤：

1. 卤料加水煮开。
2. 放入肘子，煮软入味。
3. 冰糖加少许水，在炒锅中煮化。
4. 将肘子放入冰糖水中裹一下。
5. 肘子放温，切片、摆盘。

YOKO有话说

1.卤料在超市可以买到，一般分为粉状、汁状以及各种香料直接配成的小包装，都可以使用。

2.图片中的鸡蛋造型是孩子摆的，蛋白上的红色部分是番茄酱。

六. 烧烤篇：孩子，我能强迫你不吃吗

夕阳西下。

从幼儿园接贝儿回家的路上，路过一个夜市，街边的烧烤摊已经"炊烟袅袅"。不，炊烟袅袅这么优美的词，如果出现在夜色朦胧的农庄，那必然是充满了诗情画意。但是用在城市的人行道上，显然有点词不达意，这个景象应该叫浓烟滚滚才对。

"贝儿快走，这里好呛哦！"我皱皱眉，恨不得赶快逃离这个污染之地。"可是，妈妈，我觉得挺香的啊！"贝儿吸了吸鼻子。

这……

不可否认，排除掉呛人这个因素，烧烤的香味在空中弥漫着，即使是大人也觉得充满了诱惑。但是，路边烧烤这种东西怎么可能给孩子吃呢？

于是我开始做思想工作：

"烧烤是不能吃的！"

"你看，它在街上烤，到处都是灰，多脏啊！"

"你看，摊上的肉都不知道是哪里来的，臭烘烘的吃了要拉肚子！"

"烧烤很不健康，都是致癌物，吃多了要得癌症，要……"我正滔滔不绝中，猛然看见孩子充满不安的眼神，我硬生生地把"死的"两个字给咽下去了。

天哪，我都在给孩子灌输什么负面思想啊！

哄了半天，终于把孩子带回了家。谁知到了晚上睡觉前，贝儿在床上翻来覆去睡不着，迟疑地问我："妈妈，你不是说什么东西都要吃我才营养好，才长得高吗？为什么烧烤不能吃呢？我看见别的小朋友也在吃啊，我就是很想尝尝那个味道。"

这些问题让我哑口无言。

……

记忆中关于童年的一些片段扑面而来。相同的问题，在多年前我也曾如此这般疑惑地问过妈妈。小时候，我是那么向往街边的麻辣烫、羊肉串、烤鸡

翅、烤鳕鱼……

但是，因为家长的阻碍和"恐吓"，我一直不敢尝试。直到上了高中，在同学的怂恿下，我开始尝试偷偷吃烧烤，后来一发不可收拾，演变成每天下了晚自习都要在学校门口买点烧烤，吃完了擦擦嘴再若无其事地回家。

……

不得不承认，垃圾食品之所以能风靡，是因为实在太美味了。如果孩子闻着都觉得香，那我真的还有办法阻止吗？都说不能强迫孩子吃，但是强迫孩子不吃，是不是也算是一种心理虐待？一个人如果一辈子都在吃所谓的健康营养的食物，是不是也有些残缺？

对于孩子来说，阻止他们吃一种食物，反而会激起他们对这种食物的无限向往，等他们再大一点儿后，说不定会偷偷跑出去吃。但是，外面的那些烧烤真的不敢给孩子尝试，毕竟很多食材的来源都是没有保障的。那么我能不能在家里给孩子做烧烤呢？

其实，一个成功的妈妈可以在家里做出绝味的美食，养出一个对口味要求极高的孩子。这样，即使哪天他禁不住诱惑去街边偷吃烧烤，也会觉得："嗨，不就那么回事吗，还不如回去吃妈妈做的呢。"

现在能够在家里烧烤的工具很多，烤箱就不用说了，还有一些电磁炉也具有烧烤功能，放上烧烤架就可以完成。

这个想法形成后，我开始准备。

和孩子一起动手玩

　　烧烤是很适合和孩子一起动手的烹饪方式，对于孩子来说，这就是个过家家的过程。在整个烧烤的过程中，最适合孩子的环节是动手串食材。不过要注意，不要让孩子拿着食材直接串到竹签上，给孩子准备一个专用菜板，将食材切好放在菜板上，让孩子用竹签轻轻扎食材，待穿透过后再用手拨到竹签下方。这样做是为了避免孩子被竹签扎到。这个做法只适用于一些比较软的食材，不适合脆骨、牛肉这样比较硬的食材。

 烤土豆

原料：

土豆 4 个，烧烤酱适量

制作步骤：

1. 土豆切块，放入锅里煮熟。

2. 捞出土豆，去皮，沥干水。

3. 土豆加入烧烤酱腌制 30 分钟。

4. 穿入竹签。

5. 放入烤箱，220℃烤 20 ~ 30 分钟

YOKO 有话说

　　1.土豆也可以直接放入烤箱烤，但口感会比较干，也不容易入味。

　　2.可根据孩子的口味，烤熟后蘸番茄酱、花生酱等。

烤羊排

原料：

羊排骨 500 克，蚝油、蜂蜜、盐、孜然粉、水果各适量

制作步骤：

1. 将羊排加盐和蚝油，腌制 1 小时。

2. 羊排穿入竹签。

3. 烤盘放上锡箔纸，将羊排放在锡箔纸上，进烤箱 190° 烤 50 分钟。

4. 撒上孜然粉，并配上水果摆盘。

YOKO 有话说

　　1.羊排一定要放在烤盘上，如果直接放在烤架上，油会流失，导致羊排太柴，孩子咬不动。

　　2.从烤箱取出羊排后，可用刀切开一块，看看里面是否熟透。

　　3.羊排比较肥腻，需要搭配一些水果或蔬菜解油腻。

烤大虾

原料：

虾 10 只，胡萝卜 1 个，蚝油、香葱、蒜各适量

制作步骤：

1. 将虾洗净，去除虾线，在背部开刀后平铺。
2. 加入蚝油腌制。
3. 把蒜切成薄片，胡萝卜切成小条，塞入虾背。
4. 进烤箱 200℃烤 10 分钟。
5. 加入香葱，摆盘。

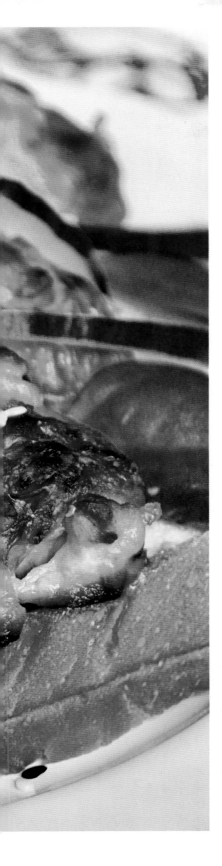

🧑 奶香水果烤鸡翅

原料：

　　鸡翅中 5 个，牛奶 100 毫升，香蕉丁或菠萝丁适量，面粉 50 克，面包 2 片，麦片、葡萄干各适量

制作步骤：

1. 鸡翅洗干净待用。
2. 牛奶加入香蕉丁或菠萝丁，将鸡翅腌制半小时。
3. 加入麦片、葡萄干、少量面粉，和腌制用的牛奶一起搅拌，均匀地裹在鸡翅上。
4. 放入烤箱烤至鸡翅表面金黄，油汁流出。
5. 取出鸡翅，放在面包上，让面包吸走鸡翅的油，再加入装饰即可。

　　注意：面粉的量不能太多，薄薄地覆盖一层就好，不然容易外面煳了，但鸡翅还没熟。

花生烤鳗鱼

原料：

鳗鱼 1 条，生花生 50 克，椰条、蚝油、盐、蜂蜜各适量

制作步骤：

1. 将鳗鱼去骨、洗净，加入盐和料酒腌制 30 分钟。
2. 鳗鱼放入锅中，大火隔水蒸 5 ~ 8 分钟，至鳗鱼八成熟。
3. 将蚝油和蜂蜜调汁，刷在鳗鱼两面。（针对重口味的小朋友，也可以直接刷烧烤酱）
4. 将生花生去壳、去皮，放在鳗鱼上。
5. 进烤箱，180℃烤至花生微黄。
6. 取出摆盘，撒上椰条。

YOKO 有话说

可以让孩子自己调制酱汁：给出一定的原料，让小朋友自己调制，蚝油可以用酱油代替，蜂蜜也可以用白糖代替。如果小朋友喜欢，加一些姜、蒜，都是可以的。

七、清香水果

有的时候，孩子不吃饭真的是个无解的问题。

当家长用尽各种办法却黔驴技穷时，那就试试水果吧。老人总说，水果不能当饭吃，但偶尔作为救场工具，我觉得是未尝不可的。

👤 黄桃罐头

黄桃罐头一向是深受孩子们喜欢的美味，但遗憾的是，罐头始终不是健康食品。其实，不需要防腐剂、添加剂，在家里也可以自制黄桃罐头。

原料：
黄桃 250 克，冰糖 100 克

制作步骤：
1. 黄桃削皮、去核，切成小块。
2. 锅洗净，确保无油。
3. 加水烧开后，加入黄桃。
4. 加入冰糖。
5. 煮至黄桃变软。
6. 放入冰箱冷藏。

YOKO 有话说

黄桃挑选比较硬的为好，太软的会导致还没入味就煮烂了。

👤 橙汁蜜桃罐头

　　黄桃在北方很难买到，即使在南方，也只是在黄桃成熟的那个时段才能买到。那么，在买不到黄桃的时候，用一个"冒牌货"也可以替代。

　　发现这个"冒牌"的黄桃罐头，源于一个偶然的小插曲。有一次，在水果店买了几斤看上去很美的平谷大桃，但是，咬了一口才发现，这桃子又酸又涩，估计还没有真正成熟就被摘下来了。食之无味，弃之可惜，于是想着和贝儿一起来一次新创造。

原料：
桃 250 克，橙汁 1000 毫升，冰糖 100 克

制作步骤：
1. 将桃子切块，放锅里用开水煮。
2. 加入适量冰糖。
3. 煮大约十几分钟至桃肉变软。
4. 适当放凉后，倒入橙汁浸没。
5. 放入冰箱，冷藏几个小时。哈哈，平谷大桃变成黄桃罐头了，有没有以假乱真？

YOKO 有话说

　　1.其实，一般的桃子放冰糖和水煮就可以吃了，为什么我们要加橙汁呢？通常桃罐头里的汁就是普通糖水，而加入橙汁后，不仅有了更丰富、更有层次的口感，还增加了不少营养哦。

　　2.橙汁加热后会变酸，并且流失营养，所以一定等桃子变凉再倒入橙汁。

　　3.可以用果珍等橙味饮料代替橙汁，可以在一开始就倒入锅里和桃肉共煮。

👤 水果豆腐酸奶

原料：

　　嫩豆腐 1/4 盒，酸奶 300 克，蜂蜜、水果各适量

制作步骤：

1. 水果切丁。
2. 嫩豆腐放入蒸锅蒸 3 ~ 5 分钟。
3. 捣成豆花后，加入酸奶。
4. 加入水果丁和蜂蜜。

👤 水果豆腐

　　这是小朋友的手工课，豆腐可以随心所欲地发挥创造，切成任意形状。但是切豆腐可不是一件容易的事情，需要格外细心加手巧，可以很好地锻炼小朋友的动手能力。

原料：
嫩豆腐 1 盒，水果丁、盐各适量

制作步骤：

1. 嫩豆腐横向切块，水果切丁。
2. 用饼干模具将豆腐切成各种形状，表面抹少许盐。
3. 放入蒸锅蒸 3~5 分钟。
4. 加入水果丁装饰。

八、海鲜水产类

平菇蒸鳕鱼

原料：

鳕鱼块 250 克，西红柿半个，平菇 100 克，小葱、盐、蒸鱼豉油、白糖、料酒各适量

制作步骤：

1. 鳕鱼自然解冻。
2. 用料酒和盐腌制半小时，并将多余的水倒掉。
3. 鳕鱼装盘，将西红柿、平菇切小块，码在鳕鱼上面。
4. 将蒸鱼豉油加少许白糖，均匀地淋在鳕鱼上。
5. 盖上锅盖，大火蒸 4 ~ 5 分钟，关火，不揭盖，焖 2 分钟。
6. 出锅后撒上葱花即可。

YOKO 有话说

　　一般小朋友不喜欢吃姜，所以很少在儿童餐里放姜。如果是不排斥姜片的小朋友，可以在蒸鱼时加上姜片。

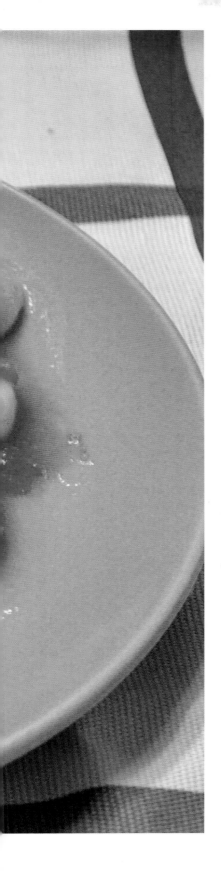

西红柿鱿鱼圈

原料：

鱿鱼 1 条，西红柿 2 个，红糖、盐、小葱各适量

制作步骤：

1. 鱿鱼清除头及内脏，横向切成鱿鱼圈。
2. 西红柿切丁。
3. 锅里放油烧热，鱿鱼下锅翻炒出香味及多余水分。
4. 西红柿丁下锅，和鱿鱼圈一起炒至水分挥发，西红柿呈酱状。
5. 依据个人口味及西红柿的酸甜度，适量加入红糖。
6. 起锅，装盘，放入小葱等做装饰。

👤 西红柿鱼头

　　这道菜的灵感来自于某天在家里做剁椒鱼头。当我们大快朵颐的时候，贝儿倍感委屈，这么辣的菜，她可是吃不了的，但是红红的剁椒鱼头真的很诱人。于是想到用西红柿替代剁椒，从视觉上依然保留了红色，对小朋友来说是个慰藉。

原料：
鱼头 1 个，西红柿 2 个，盐、海鲜酱油、小葱各适量

制作步骤：
1. 鱼头洗净后对半切开。
2. 用盐腌制鱼头 30 分钟。
3. 装盘，淋入海鲜酱油，鱼头上铺满西红柿丁。
4. 上蒸锅蒸熟，撒上小葱。

YOKO 有话说

　　对于不喜欢吃西红柿皮的小朋友，可以提前将西红柿在开水中烫一下去皮。但如果他们不排斥，可以直接带皮做。

111

🧑 蜜汁虾

原料：

大虾 500 克，海鲜酱油、盐、白糖、麦芽糖、晒干的橘子皮各适量

制作步骤：

1. 将橘子皮切丁。
2. 将大虾开背，去除虾线。
3. 锅里放油，烧热后放入大虾，炒至微红。
4. 放入海鲜酱油及白糖、橘子皮丁，翻炒。
5. 加入麦芽糖。
6. 加入少许水，煮熟后起锅。

YOKO 有话说

1.如果没有麦芽糖和橘子皮，也可省掉这个环节，只是味道会逊色，但对于小朋友来说，也是可以接受的。

2.橘子皮只是起到调味的作用，一斤虾配1/4只橘子皮的量即可。

114

九、零食也营养

每个孩子都是爱吃零食的，他们热爱零食的程度常常大于美食。其实，家里的主食、蔬菜、瓜果也是可以变成美食的。

👤 百搭番茄酱

夏天，贝儿农场的西红柿大丰收，我们摘了好几筐回家，怎么吃都吃不完，所以干脆就做番茄酱了。

对于小朋友来说，番茄酱绝对是百搭的，蘸薯条、拌面条、做调料……都缺不了它。所以冰箱里备点番茄酱，常常可以解燃眉之急。

原料：

西红柿 500 克，白糖 200 克，柠檬汁适量

制作步骤：

1. 西红柿洗净，放入开水中烫几下，去皮、去蒂。
2. 西红柿切丁，放入炒锅。
3. 锅铲不断搅拌，将西红柿搅成糊状，加入白糖。
4. 开小火一边熬制一边搅拌，避免粘锅。
5. 熬成酱状，加入柠檬汁，继续熬 1 分钟，起锅。

YOKO 有话说

西红柿酱用小罐子密封后，需放入冰箱冷藏。

🍂 红薯小丸子

　　这道零食超级简单，4岁以上的孩子可以自己操作，但注意蒸汽非常烫，揭开锅盖这样的动作，还是大人亲历亲为的好。

　　红薯泥可以制作成各种形状，完全可以让孩子当成橡皮泥来进行各种创作。

原料：
红薯2个，黑芝麻适量

制作步骤：

1. 将红薯带皮整个放蒸锅中蒸，直到筷子可以轻松插入，并感觉非常软了为止。
2. 撕掉红薯皮凉凉。
3. 用勺子将红薯捣碎、压成红薯泥。注意，红薯的纤维较多，尽量捣得碎一些，但保留纤维部分。
4. 将红薯搓成小圆球。
5. 撒上芝麻。
6. 将红薯球放进烤箱，烤至外皮微微发黄即可。

yoko有话说

　　1.一般来说，红薯本身的甜味很足，不用添加糖。但如果买到不太甜的红薯，可以在捣泥的时候加入炼乳或糖，不要加入蜂蜜，蜂蜜会导致烤出来的小丸子发黑。

　　2.可以直接用油煎，但给孩子的食物尽量控制油量。

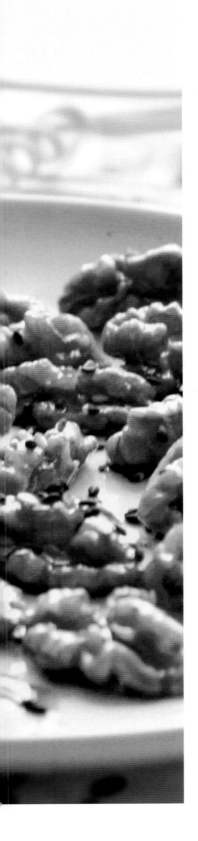

👤 琥珀桃仁

核桃补脑是大家都知道的常识。但是，对于小朋友来说，核桃却未必是美食。

贝儿常说，核桃太苦了！她所表达的苦，其实是涩涩的味道才对。的确，核桃的涩味是有点让小朋友难以接受。但是，大部分小朋友都是喜欢琥珀桃仁的吧，那种甜甜的味道连大人也难以抗拒呢！

原料：
核桃仁 250 克，红糖 80 克，蜂蜜、芝麻各适量

制作步骤：
1. 将核桃仁洗干净，水开后大约煮 1 ~ 2 分钟去除涩味。
2. 核桃仁捞出来，沥干水分。
3. 将蜂蜜和红糖倒入桃仁中搅拌均匀（这一步是贝儿完成的哦）。
4. 放入烤盘中，最好将核桃有皱纹的那一面朝下，便于充分吸收糖汁。
5. 入烤箱 160℃烤至糖汁冒泡后，再烤 3 ~ 5 分钟，视个人口味决定，我喜欢偏软的口感，所以选择时间短一点。如果喜欢脆的口感，那就继续多烤一会儿吧，不要烤焦就好。
6. 放入盘中，等它自然晾干。如果夏天太热，可以放入冰箱晾干。

👤 大米锅巴

方法一：烤大米锅巴

原料：

米饭 150 克，黑芝麻、橄榄油（或黄油）、盐各适量

制作步骤：

1. 将放凉的米饭中加入盐、少许橄榄油（或黄油）、黑芝麻。
2. 拌匀后用保鲜膜裹住，扭成圆球状。
3. 用擀面杖将圆球擀薄。
4. 放入冰箱冷藏 1 小时。
5. 用饼干模具做出不同的造型，或直接用刀切成小块。
6. 放入烤箱中，160℃烤至微黄即可。

方法二：炸大米锅巴

制作步骤：

1. 锅巴造型见方法一的步骤。
2. 平底锅加入少许油，将锅巴放入，炸到微黄即可。

YOKO有话说

因为是给小朋友吃，所以调料比较少，制作时也避免将锅巴做得太焦，略微有香脆的感觉即可。如果是大人吃，可以根据自己的口味加入五香粉或孜然粉，烤或炸到焦黄。

👤 五彩薯片

原料：

紫薯 4 个，红薯 2 个，土豆 2 个，盐适量

制作步骤：

1. 将紫薯、红薯、土豆切薄片。
2. 分别用清水泡 30 分钟，沥干。
3. 在土豆片上均匀地撒上盐，红薯和紫薯可以不撒任何调料。
4. 放入烤箱 180℃烤成脆片（中途翻面一次）。
5. 凉透后食用。

YOKO 有话说

1. 土豆片还可以根据个人的口味加入五香粉、孜然粉等调料。

2. 紫薯和红薯自带甜味，一般不用放调料。

🍳 牛油果焗蛋

原料：

牛油果 1 个，鸡蛋 1 个，芝士、西红柿丁各适量

制作步骤：

1. 牛油果对半切开，去核，并挖掉一小部分果肉，留出足够放鸡蛋的空间。
2. 鸡蛋打入牛油果中，加入芝士。
3. 加入西红柿丁。
4. 放入烤箱，210℃烤 3 ~ 5 分钟。

YOKO 有话说

1. 鸡蛋尽量选比较小的，否则牛油果可能没有足够的空间来承载它。

2. 不喜欢甜食的孩子，也可以用酱油替代芝士。

125

第六章
行走中的味觉：
偷来的美食

06

作为吃货的我，旅行的过程绝不是行走那么简单。美食，永远是我旅途中最重要的一环。 并不是每一次旅行，我都会和孩子同行。但是将世界各地的美食铭记在心里，待回家后改良成符合孩子的口味，成了我的一种习惯。

很多妈妈都想把孩子从小培养成一个视野开阔、具有国际化思维的人。而我想说，让孩子拥有国际化的心，先让他拥有一个国际化的胃。吃遍全球美食，也是让孩子认识世界的一种方式。

韩国：香蕉牛奶的灵感

韩国之行，是我们一家老小的游轮之旅。因为携孩子同行，所以一路上自然吸引了一堆同船的孩子在一起玩耍。孩子们的口味不尽相同，但是在韩国，他们却不约而同地爱上同一种口味：香蕉牛奶。

香蕉牛奶并不是韩国的专利，但是韩国的香蕉牛奶真的很受欢迎、很畅销，很多超市都卖断货了。浓郁的奶味和香蕉味碰撞出一种很醇厚的口感，这激发了我把这种味道转化成其他美食的灵感。

👤 香蕉牛奶

原料：

香蕉 1 根，牛奶 200 毫升，蜂蜜（或白糖）适量

制作步骤：

方法一

1. 将香蕉切成小块，放入搅拌机搅拌。
2. 加入牛奶和蜂蜜，搅拌均匀。

方法二：

1. 将香蕉研磨成酱。
2. 香蕉酱放入锅中，加入牛奶。
3. 将香蕉牛奶煮开，凉至温热后，加入蜂蜜或白糖。

👤 升级版：香蕉牛奶饼

原料：

香焦 1 根，牛奶 200 毫升，鸡蛋 1 个，蜂蜜（或白糖）、面粉各适量

制作步骤：

1. 按前面的步骤制作香蕉牛奶。
2. 适量面粉加入打散的鸡蛋液。
3. 将香蕉牛奶加入面粉中，搅拌均匀，制成面粉糊。
4. 锅里加少量油，将面粉糊舀进锅里，煎至两面金黄即可。

🧑 瑞士：奶酪火锅

　　瑞士真是一个美食与美景完美结合的圣地，瑞士的葡萄酒虽然不如法国葡萄酒那样被中国人所熟知，但它的品质和历史却不输于法国酒。

　　在日内瓦湖和阿尔卑斯山的映衬下，有着800多年悠久历史的拉沃葡萄园梯田，美到令人流连忘返。我曾经在这一片葡萄园里漫无目的地走走逛逛了2天，只为感受这葡萄酒和美食的清香。

　　在搭乘小火车一路直线上山的过程中，发现有一些类似电梯开关的按钮，方便人们在中途各站自行上下（如果不按按钮，火车会自动直达山顶）。我一时性起，就在中途按下了开关，漫步到了住宅区。

　　当地人的房子都是一栋一栋的小别墅，零零散散地分布在葡萄梯田间，几乎家家种葡萄，家家门口都是葡萄酒桶。偶尔遇到一个小餐厅，吃的也大多和葡萄酒相关。

　　在瑞士，葡萄酒和奶酪是一种完美的结合，奶酪火锅便是其中的代表。

　　我们在餐厅里吃到了这样的美味：将奶酪融化，混合葡萄酒来拌各种海鲜、蔬菜甚至是水果，这绝对是一种很奇特的口感。

　　可惜，对于孩子来说，葡萄酒一定是不要碰的东西，但这么美味的奶酪火锅还是不能错过。于是，改良过的儿童版奶酪火锅在我煞费苦心的多次试验后终于出锅了！

儿童版奶酪火锅

原料：

瑞士奶酪 250 克，白葡萄汁 200 毫升，醪糟水 500 克，蒜、淀粉各适量

制作步骤：

1. 用蒜涂抹锅底。
2. 将奶酪放到小锅里，加热至融化。
3. 将葡萄汁和醪糟水混合，倒入锅中。
4. 加入淀粉，不断搅拌。
5. 将面包、蔬菜、海鲜等蘸着奶酪火锅酱汁吃。

泰国：水果大餐

　　几年前去泰国，在曼谷郊区的一栋别墅里，我吃到很多以当地水果为容器的菜，当时觉得很有趣。后来发现因为泰国的水果种类繁多，且一年四季皆有，所以不论何时何地，在泰国的餐厅都有很多菜和水果相关。

　　酸酸甜甜的水果口味，是大部分小朋友都很喜欢的。把饭菜做得像零食，是哄孩子吃饭的好方法。

👤 奶油木瓜鸡

原料：

木瓜 1 只，鸡腿 500 克，盐、奶油、柠檬汁各适量

制作步骤：

1. 将鸡腿去骨，切成丁，用盐腌 30 分钟。
2. 木瓜纵向对半切开，去子、去肉，变成一个木瓜碗。
3. 把木瓜肉切成丁备用。
4. 锅中放油，加热至五成熟，放入鸡肉丁炒至变色，加入淡奶油，改小火慢慢熬。
5. 奶油汁快收好后放入盐、柠檬汁。
6. 放入木瓜丁，翻炒均匀，装入木瓜碗里。

YOKO 有话说

　　也可用牛奶、椰浆代替奶油，根据孩子的口味任意调换。

第七章
孩子生病了，
吃什么

07

自从贝儿上了幼儿园，每隔一段时间必然生点小病，或是因为天气原因，抑或是小朋友之间的交叉感染。呼吸道感染和肠胃疾病是两大主流问题。

每次生病，小朋友的食欲必然受到影响，再花哨、再美味的食物，都可能提不起他们的兴趣。在这个时候，很多家长都会着急，觉得孩子吃得太少没有营养。其实，孩子的胃口在平时都勉强不来，更何况生病呢。所以，与其琢磨吃什么可口，不如来一点可以辅助小朋友"打败"病菌的食物。

蒲公英水

每到春暖花开的季节，漫山遍野都是蒲公英在飘舞。如果去农村踏青，可以让小朋友玩玩吹蒲公英种子的游戏，再顺便把蒲公英连根拔起，拿回家熬水。不过，如果是在公园看见蒲公英，尽量不要采，因为我们不知道它是不是被打过农药。

如果没有时间去乡下，也不要紧，春天的菜市场里也常常会遇到卖蒲公英的菜农。

当然，如果实在买不到新鲜的蒲公英，就去药房看看吧，买一些干的蒲公英替代也可以。

原料：新鲜蒲公英 200 克，冰糖适量

功效：清热解毒，对上呼吸道感染等症状有所缓解

制作步骤：

1. 将蒲公英叶子带根洗净后，加水完全没过蒲公英，煮约 10 分钟。
2. 放入冰糖，待冰糖化后，放凉即可饮用。

YOKO 有话说

1. 蒲公英水比较苦，怕苦的孩子可以酌情增加水的比例。

2. 如果孩子有腹泻症状，不可饮用蒲公英水。